BEI GRIN MACHT SICH IHR WISSEN BEZAHLT

Uwe Daniels

Kulturlandschaftliche Entwicklung von Mecklenburg-Vorpommern bis 1945

GRIN Verlag

Bibliografische Information der Deutschen Nationalbibliothek:

Die Deutsche Bibliothek verzeichnet diese Publikation in der Deutschen National-
bibliografie; detaillierte bibliografische Daten sind im Internet über http://dnb.d-
nb.de/ abrufbar.

Impressum:

Copyright © 2002 GRIN Verlag GmbH
Druck und Bindung: Books on Demand GmbH, Norderstedt Germany
ISBN: 978-3-638-80173-7

Dieses Buch bei GRIN:

http://www.grin.com/de/e-book/13205/kulturlandschaftliche-entwicklung-von-
mecklenburg-vorpommern-bis-1945

GRIN - Your knowledge has value

Der GRIN Verlag publiziert seit 1998 wissenschaftliche Arbeiten von Studenten, Hochschullehrern und anderen Akademikern als eBook und gedrucktes Buch. Die Verlagswebsite www.grin.com ist die ideale Plattform zur Veröffentlichung von Hausarbeiten, Abschlussarbeiten, wissenschaftlichen Aufsätzen, Dissertationen und Fachbüchern.

Besuchen Sie uns im Internet:

http://www.grin.com/

http://www.facebook.com/grincom

http://www.twitter.com/grin_com

Geographisches Institut der RWTH Aachen

Exkursion 2002: Mecklenburg – Vorpommern

Erarbeitung: Gruppe 2. (Verfasser: U. Daniels, D. Mix)

Vorbereitungsseminar 12.07.2002

Kulturlandschaftliche Entwicklung von

Mecklenburg - Vorpommern bis 1945

Inhalt

1. Vorwort

In der vorliegenden Arbeit wird die Kulturlandschaftliche Entwicklung des Bundeslandes Mecklenburg – Vorpommern von den Anfängen der Besiedlung in der Frühgeschichte bis zum Ende des zweiten Weltkrieges 1945 dargestellt. Dieser geschichtliche Abriß kann aufgrund der räumlichen Begrenztheit der Arbeit natürlich nur eine kurze Abhandlung dieses doch sehr langen Zeitraum wiedergeben.

Es ist weiter zu bemerken, dass dieses Bundesland erst nach 1945 als ein gemeinsames Land entstanden ist. In der Zeit, welche in Folge erläutert werden soll, hat es ein einheitliches Land Mecklenburg – Vorpommern nicht gegeben. Auch in der herangezogenen Literatur wird in Mecklenburg und Vorpommern unterschieden.

Die Arbeit ist in 6 Kapitel gegliedert. Als erstes wird die Raumstruktur von der Vorgeschichte bis ins frühe Mittelalter untersucht. Im zweiten Kapitel sollen anschließend die einschlägigen Veränderungen durch die Ostkolonisation, welche die heutige Siedlungslage bestimmt hat, näher erläutert werden. Eine dritte, für die Raumstruktur der heutigen Zeit wichtige Epoche ist der Zeitraum der vorindustriellen Raumerschließung. Desweiteren wird der Zeitraum bis zur Gründung des deutschen Reiches 1871 beleuchtet. Das letze Kapitel betrachtet die Geschichte des Landes während der Zeit des deutschen Reiches und endet 1945. Abschließend bleibt noch zu erwähnen, das die Literaturlage für die Erstellung dieser Arbeit gut ist und insbesondere sehr viel Literatur seit 1990 erschienen ist.

2. Raumstrukturen von der Frühzeit bis ins frühe Mittelalter

Das Land an der südlichen Ostsee, Mecklenburg-Vorpommern, dessen Geschichte in dieser Arbeit betrachtet werden soll, weist eine Besiedlung seit der Steinzeit auf (10.000 – 6.000 v. Chr.). Diese dauerhafte Besiedlung ist durch Grabfunde und durch die Entdeckung von Siedlungsresten belegt. Voraussetzung für die dauerhafte Besiedlung war das Ende der letzten Inlandvereisung durch weltweite Klimaänderungen.[1]

Die Besiedlung begann zuerst im südwestlichen Mecklenburg und später im nordöstlichen Vorpommern. Erste Siedlungen durch Fischer und Jäger entstanden an Fisch – und Jagtgebieten. Diese waren aber nur vorübergehend. Auch Ackerbau und Viehzucht wurde ab der Jungsteinzeit (5.000 – 3.600 v. Chr) betrieben. Dies führte zu den ersten dauerhaften Siedlungen im Land.[2]

Um Ackerbau betreiben zu können, wurden ab 3.000 v. Chr. erste Rodungen durchgeführt und die Großfamilie als Produktionsgemeinschaft etablierte sich. Die Siedlungen bestanden aus einigen Familien in Gehöften, einzeln waren auch Weiler anzutreffen. Zur Herstellung von Bronze und später Eisen, welche zur Herstellung von Waffen und Werkzeuge benötigt wurde, gab es zur Heranschaffung der benötigten Metalle Tauschhandel mit den im Alpenraum ansässigen Völkern. Auch mit den Römern jenseits der Rheingrenze kam es ab der Zeitenwende immer wieder zu einem Tauschhandel, welcher zu Verbesserungen in der Metallherstellung, der Töpferei und Gewebeherstellung führten.[3]

Die Völker, die ab 1.000 v. Chr. in diesem Gebiet lebten, konnten als Germanen oder mit ihnen verwandten Gruppen bezeichnet werden. Sie sind aus dem Gebiet des heutigen Skandinavien gekommen und haben das Land besiedelt. Mit Beginn der Völkerwanderung in den ersten Jahrhunderten sind sie jedoch wieder aus dem Raum der Ostsee abgewandert und hinterließen ein weitgehend menschenleeres Land.[4]

Ab den 6. Jahrhundert kam es durch die Einwanderung slawischer Volksgruppen zu einer erneuten, dauerhaften Besiedlung der Region. Ein bedeutender Stamm waren die Obodriten, sie siedelten zwischen der Wismarer Bucht und dem Schweriner See. Weitere Slawische Stämme waren die Wilzen, die Ranen, Ukranen und die Pomoranen.[5]

[1] Vgl. Weiß, Mecklenburg – Vorpommern, 1996, S. 52.
[2] Ders., S. 52ff.
[3] Vgl. Heitz/Rischer, Geschichte in Daten..., 1995, S. 10 u. 154.
[4] Siehe Anm. 1, S. 20ff.
[5] Ders., S. 21.

Der Mittelpunkt des Siedlungsgebietes bildete eine Burganlage. Hauptsitz der Obodriten war die Michelenburg, gelegen zwischen den heutigen Wismar und Schwerin. Aus ihr ging der Name Mecklenburg hervor, der Name Pommern ist wohl vom Stammesnahmen Pomoranen hergeleitet.[6] Zu den Nachbarvölkern gab es unterschiedliche Kontakte. Es gab Handel mit Polen, den deutschen Reich und den Wikingern. Diese griffen, vor allem aus Schweden kommend, im 8 – 10 Jahrhundert auch die an der Ostseeküste gelegenen Siedlungen und Ländereien an und plünderten. Jedoch wurde auch Handel mit den ansässigen Slawen getrieben.[7] Zu festen Staatsformen ist es in Mecklenburg und in Vorpommern nicht gekommen. Die ansässigen Slawenstämme wurden von ihren Nachbarn Polen, Deutsches Reich und den Dänen bedrängt, dennoch blieben die Slawenstämme selbständig.[8]

3. Landesausbau im Mittelalter

Im Mittelalter kam es in den hier betrachteten Gebieten zu einem erheblichen Ausbau der Siedlungsstruktur und einem Anstieg der Bevölkerungszahlen. Auch erfolgte in diesem Zeitraum die Herausbildung einer Städtestruktur sowie von Wirtschafts – und Handelsstrukturen durch die Hanse. Dies wird im folgenden Kapitel näher betrachtet.

3.1. Die Ostkolonisation im hohen Mittelalter

Im Mittelalter, insbesondere ab dem 12. Jahrhundert begann mit der deutschen Ostkolonisation ein für die Siedlungs – und Bevölkerungsentwicklung in Mecklenburg und Vorpommern bedeutsamer Vorgang. Die Ostkolonisation bedeutete die Besiedlung sowie die wirtschaftliche und kulturelle Erschließung der Gebiete östlich von Elbe, Böhmerwald und Saale. Diese Gebiete waren seit der Völkerwanderung durch Slawen nur dünn besiedelt.[9]

Die Einwanderer kamen zunächst nach Mecklenburg und später erst nach Pommern. Ihre Herkunft war Westfalen, Niedersachsen und das Gebiet der Niederlande. Es waren überwiegend Bauern und Geistliche Missionare, später dann auch Kaufleute und Händler.[10]

---

[6] Vgl. Weiß, Mecklenburg- Vorpommern, 1996, S. 20.
[7] Vgl. Kinder/Hilgemann, dtv - Atlas Weltgeschichte 1, 1997, S. 130ff.
[8] Siehe Anm. 6, S. 21.
[9] Vgl. Lienau, Die Siedlungen..., 1995, S. 172.
[10] Siehe Anm. 6, S. 22.

Initiatoren dieser Siedlungsbewegung waren die Kirche, Landesherren und Ordensgemeinschaften. Es kamen Siedler aus dem Westen und diese rodeten die Wälder, legten Einzelgehöfte an, schlossen sich an Siedlungen der Slawen oder gründeten neue Siedlungen. Es waren zumeist Straßendörfer, Angerdörfer, Waldhufendörfer oder es wurde die Form des Rundling gewählt. Auf Rügen hingegen blieben Weiler die vorherrschende Dorfform. Die dazugehörigen Flurformen waren zumeist Hufenförmig oder langstreifige Gewannfluren. Sie sind heute jedoch kaum mehr erhalten.[11]

Die Hauptursache dieser Siedlungsbewegung ist in der Bevölkerungszuname seit dem frühen Mittelalter und dem damit verbundenen Landbedarf zu sehen. Durch die Siedlungsbewegung wurde die Landwirtschaft verändert. So führten die deutschen Siedler den Pflug ein und das System der Dreifelderwirtschaft. Auch basierte die Landwirtschaft nun auf große Bauernhöfe und nicht mehr auf die zur Selbstversorgung angelegten kleineren Gehöfte. Dies alles hatte höhere Ernteerträge zur Folge, welche dem Bevölkerungszuwachs zugute kamen.[12]

Auch bildeten sich in dieser Zeit neue Herrschaftsstrukturen heraus. So gab es neben den Landesherrn als Herrschaftsträger den deutschen und slawischen Landadel. Der Landesherr war als Lehnsherr Eigentümer von Land und Boden. Es entwickelten sich feudale Herrschaftsverhältnisse.[13]

Die folgende Karte[14] zeigt die deutsche Ostbewegung im 12. U. 13. Jahrhundert, insbesondere wird der kirchliche Einfluß durch die Darstellung des Verbreitungsgebietes der Zisterzienserklöster dargestellt. Auch sind die Phasen der Ausbreitung des deutschen Siedlungsgebietes nach Osten nachzuvollziehen.

---

[11] Vgl. Weiß, Mecklenburg-Vorpommern, 1996., S. 55ff u. 173.
[12] Vgl. Posan, Beiträge zur deutschen..., 1997, S. 38.
[13] Vgl. Heitz/Rischer, Geschichte in Daten..., 1995, S. 19.

Mit der Ostkolonisation setze auch die Christianisierung des Landes ein. Die Kolonisation verlief im übrigen nicht ganz friedlich. So besiegte Sachsenherzog Heinrich der Löwe 1160 den Obodritenfürst Niklot. Durch die Festigung der Grenze Mecklenburgs und Pommerns gegen Sachsen bildete sich bis Mitte des 13. Jahrhundert eine territorialstaatliche Prägung heraus. Es entstanden die Grafschaften Schwerin, Ratzeburg und Danneberg sowie die Bistümer Schwerin und Ratzeburg.[15]

Insgesamt verlief die Landbesiedlung im Osten aber ohne größere Konflikte. Die slawische Bevölkerung vermischte sich mit den neuen Siedlern, die ja auch durch einheimische Fürsten angeworben wurden. Die Flur -, Familien und Ortsnamen der Slawen sind allerdings teilweise noch heute erhalten. Weiter bleibt zu erwähnen, daß die neuen Städte mit der Rechtsform der Stadt Lübeck, also dem Lübecker Recht ausgestattet waren.[16]

Prägend für das Erscheinungsbild der in dieser Zeit errichteten Siedlungen wirkte das niederdeutsche Hallenhaus. Es verband unter einem Dach die Funktion des Wohnen als auch die des Stall –und Stappelraum und entsprach so den Anforderungen der Rinderhaltung als auch des Ackerbau.[17] Die Ostkolonisation in dieser Zeit legte also den Grundstein für das heutige Siedlungsgefüge in Mecklenburg-Vorpommern. Seit dem 13. und 14. Jahrhundert sind nicht sehr viele neue Siedlungsplätze im Land hinzugekommen. So wurde in 2. Jahrhunderten das Erscheinungsbild des Landes bis heute wesentlich geprägt.

3.2. Spätes Mittelalter

Politisch waren Mecklenburg und Vorpommern im Mittelalter zersplittert. Die Teilung Mecklenburgs 1229 in zwei Grafschaften und vier Herrschaftsgebiete wurde erst ab dem 14. Jahrhundert überwunden. Als Machtfaktor bildete sich die Herrschaft Mecklenburg heraus. Die Herrscher in Mecklenburg wurden im Jahre 1348 zu Herzögen erhoben.[18] Auch Vorpommern blieb im Mittelalter territorial zersplittert. So wurde das Land 1295 in die Hauptlinien Stettin und Wolgast geteilt. Beide wurden zu

---

[14] Karte: Siehe Kinder/Hilgemann, dtv-Atlas Weltgeschichte 1, 1997, s. 170
[15] Vgl. Weiß, Mecklenburg-Vorpommern, 1996 , S. 21.
[16] Ders., S. 54.
[17] Ders., S. 54ff.
[18] Ders., S. 22ff.

Fürstentümer. Bis zum Ausgang des Mittelalter blieben beide Lände territorial geteilt.[19]

In der Zeit des späten Mittelalter (14.-15. Jahrhundert) war die große Phase der Ostexpansion bereits wieder vorbei. Das Land war bereits durch die neue Siedlungsstruktur geprägt. Im 13. Jahrhundert entstanden allein im heutigen Mecklenburg-Vorpommern von heute 86 Städten 65. Die neuen Hansestädte Greifswald und Rostock gründeten ihrerseits bis zu 25 Siedlungen.[20]

Diese beiden Städte gründeten bereits im Mittelalter durch die Landesfürsten und Bischöfe die ersten Universitäten. Rostock machte 1419 den Anfang und die Universität Greifswald wurde 1456 gegründet. Sie wurden rasch zu geistigen Zentren im Ostseeraum. Hervorgerufen wurden diese Neugründungen durch den wirtschaftlichen Wohlstand durch die Hanse und durch die geistigen Interessen des sich herausbildenden Bürgertums.[21]

Im 14. Jahrhundert beginnt der Siedlungsraum wieder zu schwinden. Einzelne Siedlungen und Flure werden aufgegeben. Für den Bevölkerungsrückgang ist einerseits die seit 1347 auftretende Pest und Hungersnöte verantwortlich, andererseits aber auch die Agrarkrise mit sinkenden Erträgen, sinkende Preise und nachlassender Anbau. Beide Ereignisse führten wohl zu einem Rückgang der Bevölkerungszahlen durch Tod und Abwanderung. Dennoch ist festzustellen, daß die Besiedlung zwar zurückging, die durch die Ostkolonisation entstandene Siedlungsstruktur sich aber nicht weitgehend änderte.[22]

3.3 Die Bedeutung der Hanse für Mecklenburg und Vorpommern

Bedeutung für die Entwicklung Mecklenburgs und Vorpommerns trug auch die Hanse. Diese wurde 1161 in Visby gegründet und war vor allem im Ostseehandel und im Nordseehandel vertreten. Im Jahre 1259 schlossen Hamburg, Lübeck, Rostock und Wismar einen Handelsbund. Wismar und Rostock wurden also Mitgliedstädte der Hanse. Dies hatte positive Auswirkungen auf den Handel sowie auf den Schiffbau und förderte den Hafenausbau. Beide Städte wurden so bedeutende Hafenstädte, was sie bis heute noch prägt.[23]

---

[19] Ders., S. 23.
[20] Vgl. Haversath, Deutschland- Der Norden, 1997, S. 68.
[21] Vgl. Guntau, Die Frühen Norddeutschen..., 1995, S. 95ff.
[22] Vgl. Haversath, Deutschland-Der Norden, 1997, S. 70ff.
[23] Vgl. Kinder/Hilgemann, dtv-Atlas Weltgeschichte 1, 1997, S. 183.

Auf der folgenden Karte[24] ist der Ostseehandel der Hanse sowie deren Handelsrouten dargelegt.

Der Ostseehandel um 1400

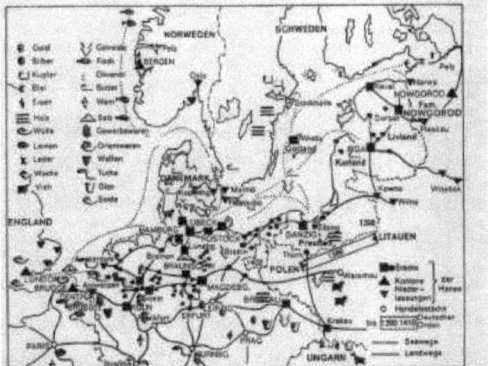

Rostock und Wismar dienten hierbei als Umschlagplätze für verschiedene Waren, u.a. Getreide aus dem Umland. Die Hanse hatte allerdings nur bis ins 15./16. Jahrhundert Bedeutung, dann begann durch den Atlantikhandel ihr Niedergang. Dennoch blieb sie für die mecklenburgischen Hansestädte von nachhaltiger Bedeutung. Durch den wirtschaftlichen Aufschwung im 13./14. Jhd. durch den Handel sind in diesem Zeitraum in Stralsund, Wismar und Rostock viele gotische Gebäude entstanden, welche heute noch erhalten sind und das Stadtbild prägen.[25]

4. Vorindustrielle Raumerschließung in der Neuzeit

In diesen Kapitel wird die Zeit bis zum Ende der Herrschaft Napoleons dargelegt, welche eine territoriale und mit dem Beginn der Industrialisierung auch eine neue wirtschaftliche Epoche einleiten sollte. Herauszuheben sind in der Vorindustriellen Neuzeit sicher die Glaubenskriege sowie die Raumentwicklung.

4.1. Reformation und Dreißigjähriger Krieg

Im Zeitalter der Glaubenspaltung im 16. Jahrhundert breitete sich der lutherische Glauben auch in Mecklenburg und Vorpommern aus. Dieser hat sich bis heute als die am stärksten verbreitete Glaubensrichtung etabliert. Es ist zu erwähnen, das

---

[24] Karte: Siehe Anm. 22, S. 182.

[25] Vgl. Nissen, Hanse zwischen..., 1994, S. 61ff.

auch die Universitäten in Rostock und Greifswald zu protestantischen Universitäten wurden.[26]

Politisch blieb Mecklenburg gespalten, nachdem 1621 das Herzogtum Mecklenburg in Mecklenburg-Güstrow und Mecklenburg-Schwerin geteilt wurde. Nach Aussterben der Güstrower Linie wurde Mecklenburg in die Herzogtümer Mecklenburg-Schwerin (Die beiden oben genannten Herzogtümer zusammen) sowie Mecklenburg-Strelitz geteilt. Diese Teilung hatte von 1701 bis ins 20. Jahrhundert bestand. Im 15. Und 16. Jahrhundert wurde das Land mehrfach in Kriege mit den Nachbarn verwickelt. Mecklenburg blieb selbständig, mußte jedoch teile des Landes an Schweden abtreten. In den Jahren 1806-1813 gehörte das Land den Rheinbund an.[27]

Pommern wurde 1532 in die Herzogtümer Wolgast und Stettin aufgeteilt. Diese bezeichnete man später als Vor- bzw. Hinterpommern. Nach dem Aussterben der beiden Herrschaftslinien im dreißigjährigen Krieg (1618-1648) wurde Vorpommern Schweden zugesprochen. Erst auf dem Wiener Kongreß 1815 wurde Pommern eine Provinz Preußens.[28]

Stark in Mitleidenschaft gezogen wurde Mecklenburg im Dreißigjährigen Krieg. Mecklenburg wollte sich neutral verhalten, konnte aber eine Hineinziehung in den Krieg im Jahre 1627 nicht vermeiden, da fremde Truppen (Dänen) nach Mecklenburg kamen. Dennoch entschieden sich die Herzöge für keine Seite. Der Kampf der dänischen, schwedischen und deutschen Armeen unter den Feldherrn Tilly und Wallenstein sollte mit wechselnden Kriegsglück in Mecklenburg bis 1643 andauern. Als Durchmarsch- und Kampfgebiet ist das Land schwer verwüstet wurden. Ein Teil des Landes ging an Schweden. Die Zahlen über den Verlust an Menschen sind schwerwiegend, an Bauern sollen sie etwa 60% betragen haben. Weiterhin wütete dreimal die Pest, die Felder wurden zum Teil nicht bestellt und viele Dörfer wurden verlassen oder entvölkert.[29]

4.2. Raumentwicklung bis zum Beginn der Industrialisierung

Für die ländliche Kulturlandschaft war für den Zeitraum 15. – 19. Jahrhundert der Unterschied zwischen ritterschaftlichen und dominalen Gebieten prägend. Es kam zu einem agrarischen Dualismus. Im Gebiet der „Ritterschaft" lag das Interesse der

---

[26] Vgl. Kinder/Hilgemann, dtv-Atlas Weltgeschichte 1, 1997, S. 232.
[27] Vgl. Weiß, Mecklenburg-Vorpommern, 1996, S. 23.
[28] Ders., s. 23.
[29] Vgl. Schmied, Verlauf und Auswirkungen..., 1995, S. 143ff.

Grundherren auf Eigenwirtschaft. Dies führte zu Leibeigenschaft, großflächige Bewirtung und Beseitigung von Bauernsiedlungen. [30]

Im „Domanium" hingegen mußten die Bauern den Landesherrn Abgaben und Dienste leisten. Sie bewirtschafteten Höfe mit Zeitpachtverträgen. Die Bauerndörfer erfuhren im 18 Jhd. durch die Bebauung mit Häusern ohne Landwirtschaftlichen Bedarf eine Erweiterung der Dorfstruktur. [31]

Die überwiegende Zahl der mecklenburgischen und vorpommerschen Städte behielten bis ins 19. Jahrhundert den Charakter von Ackerbürgerstädten und Landstädten mit geringer Funktion und Bedeutung. Nur wenige Städte hatten für das weitere Umland eine größere Bedeutung. Zu ihnen gehörten als Residenzstädte Schwerin, Güstrow, Ludwigslust und Neustrelitz. Von großer Wichtigkeit waren als Hafenstädte die ehemaligen Hansestädte Rostock und Wismar. Allerdings lebten in diesen Städten immer nur einige Tausend Einwohner. Wirtschaftlich existierten sie durch Handel mit dem Umland oder durch Fernhandel und natürlich durch das Handwerk und Manufakturen. [32]

5. Die Kulturlandschaftliche Entwicklung bis 1918

Nachdem in der Zeit der französischen Besatzung Mecklenburg-Vorpommern stark in Mitleidenschaft gezogen worden war, wurden im Wiener Kongreß 1815 in beiden mecklenburgischen Staaten die Herzöge, Karl II. in Mecklenburg-Strelitz und Friedrich Franz I. in Mecklenburg Schwerin[33], zu Großherzögen erhoben[34].

Im 1815 gegründeten Deutschen Bund nahm das Großherzogtum Mecklenburg-Schwerin mit zwei Stimmen die 14. Stelle ein, das Großherzogtum Mecklenburg – Strelitz mit einer Stimme den 19. Rang. Während in anderen Bundesstaaten in ständische Gesetzen versucht wurde, eine einheitliche Verwaltung zu organisieren oder die verbreiteten Ständeunterschiede zu beseitigen, verweigerten sich die Stände in Mecklenburg unter der Führung der Ritterschaft und mit Billigung der Landesherren dieser Entwicklung, was die Entwicklung des Landes weiter hemmte[35].

---

[30] Siehe Anm. 27, S. 56ff.

[31] Vgl. Weiß. Mecklenburg-Vorpommern, 1996, S. 57.
[32] Ders., S. 57.
[33] Vgl. Historischer und geographischer Atlas von Mecklenburg und Pommern Band 2; Landeszentrale für politische Bildung Mecklenburg-Vorpommern, S.72.

[34] Vgl.Kuhn: Mecklenburg Vorpommern. Landeszentrale für politische Bildung Baden- Württemberg 1999, Band 2, S.5.
[35] Siehe Anm.33, S.74.

Einige andere Reformen wurden allerdings, wenn auch nur zögerlich, durchgeführt. So wurde die Leibeigenschaft aufgehoben und die Erbpacht bei Bauern eingeführt. Ebenso gab es Verbesserungen auf dem Gebiet der Justizorganisation, des Niederlassungsrechts und des Landschulwesens außerdem wurden neue Stadtverfassungen eingeführt[36].

Der anfänglich noch in schwedischem Besitz befindliche Anteil von Vorpommern, der später von der schwedischen Krone an Dänemark eingetauscht wurde, ist vom Wiener Kongreß Preußen zugesprochen wurden. Schwedisch-Vorpommern wurde noch von einer Regierungskommission getrennt verwaltet, 1818 aber als dritter Regierungsbezirk der Provinz Pommern zugeordnet[37].

Da Pommern anders als Mecklenburg enger an Preußen gebunden war und nicht von dem konservativen Ritterstand gelähmt wurde, konnten dort einige wichtige Reformen durchgesetzt werden. Neben dem Aufbau einer Verwaltung wurde das Bildungswesen erneuert. Außerdem wurden Handel und Gewerbe gefördert. Ebenso wurde viel Geld in die verkehrstechnische Erschließung der Provinz investiert. Einige Daten: 1815-1818: Einrichtung der Provinz Pommern mit den drei Regierungsbezirken Stettin, Köslin und Stralsund, 1823: Pommern erhält eine landständische Verfassung, Hinter- und Neupommern einen Landtag, 1825: Im Regierungsbezirk Stralsund wird die allgemeine Schulpflicht eingeführt, 1828-1834: Bau der ersten pommerschen Fernstraße Stettin, Köslin, Danzig, 1843: Eröffnung der Eisenbahnstrecke von Berlin nach Stettin[38].

Allerdings gab es auch in Mecklenburg seit 1830 kleinere Anzeichen wirtschaftlicher Konjunktur, vor allem in der Landwirtschaft aber auch in der gewerblichen Produktion und im Handel[39].

Insgesamt zeigte die industrielle Revolution jedoch wenig Wirkung auf Mecklenburg. Da Mecklenburg fast vollständig von seiner Landwirtschaft lebte, soll an dieser Stelle etwas ausführlicher auf die landwirtschaftliche Situation eingegangen werden. Die französische Revolution und die Kriege des ausgehenden 18. Jahrhunderts führten in ganz Europa zu einer Verknappung des Getreides. Aus diesem Grunde stiegen

---

[36] Vgl. Historischer und geographischer Atlas von Mecklenburg und Pommern Band 2; Landeszentrale für politische Bildung Mecklenburg-Vorpommern, S.74.

[37] Vgl. Rutz, Scherf, Strenz: Die fünf neuen Länder; Historisch begründet, politisch gewollt und künftig vernünftig?, 1993,S.45

[38] Siehe Anm. 36, S. 81.

[39] Ders., S.74.

die Kornpreise kontinuierlich, gleichzeitig zogen die Güterpreise stark an, da viele Ritter Land zu kauften aber auch Flüchtlinge und Holland ihr Geld spekulativ in Grund und Boden anlegten[40]. Da die Renditen allerdings im Vergleich zu den investierten Summen zurückblieben und der Absatz nach dem Krieg dramatisch zurückging ging, was nicht zuletzt auch auf die neu eingeführte Kartoffel zurückzuführen ist, waren viele Gutsbesitzer pleite oder aber zumindest kurz davor. Erst langsam erholte sich der Markt wieder, aber die sogenannte Agrarkrise, die 1828 endete, stellte einen Innovationsschub für die Mecklenburg-Vorpommerschen Anbaugebiete dar. So stellte man teilweise auf rentablerer Kulturen, wie zum Beispiel Raps um, betonte die Viehzucht stärker oder züchtete Merinoschafe zur Wollgewinnung. Auch die allmählich Durchsetzung der mecklenburgischen Schlagwirtschaft ist in diesem Zusammenhang zu nennen. Sie stellt eine abgewandelte Form der hollsteinischen Koppelwirtschaft dar und besitzt einen sieben jährlichen Turnus. 1.Jahr Brache, 2.-4.Jahr Getreide, 5.-7.Jahr Weide[41]. In diesem Zusammenhang soll noch der Wissenschaftler Johannes Heinrich v. Thünen genannt werden, der zu dieser Zeit in Mecklenburg lebte und mit seinen Modellen noch heute die Geographie beeinflußt.

In der Zeit vor der Revolution 1848 regte sich in Mecklenburg im sogenannten Vormärz der erste Widerstand gegen die bestehenden Verhältnisse. Mit Unterstützung einer regen Publizistik formierte sich aus den Reihen der bürgerlichen Gutsbesitzer und des städtischen Bürgertums eine liberale Opposition, die immer nachhaltiger auf die Änderung der Verfassungszustände drängte. Die Wandlung der Ständeverfassung in eine konstitutionelle war dabei das Hauptanliegen, das auch in der Revolution eingefordert wurde. In Mecklenburg-Schwerin konnte dies auch durchgesetzt werden. Das Staatsgrundgesetz vom 10. Oktober 1849 beendete die Ständeherrschaft und begründete eine konstitutionell-parlamentarische Staatsordnung, die dem Land günstigere Entwicklungsbedingungen geboten hätte. Sie hatte aber nur kurz bestand und wurde nach der Niederlage der Revolution auf Betreiben der Ritterschaft und des Strelitzer Fürstenhauses durch den Freienwalder Schiedsspruch im September wieder aufgehoben. Die ständisch-monarchische

---

[40] Vgl. Mager: Geschichte des Bauerntums und der Bodenkultur im Lande Mecklenburg, 1955, S.433.
[41] Ders, S.436.
[41] Vgl. Historischer und geographischer Atlas von Mecklenburg und Pommern Band 2; Landeszentrale für politische Bildung Mecklenburg-Vorpommern, S.75.

Staatsform wurde restauriert und der landesgrundgesetzliche Erbvergleich wieder in Kraft gesetzt[42].

Von den in Schwerin in der Revolution errungenen Zugeständnissen blieben lediglich der Oberkirchenrat, die Trennung von Hausgut und Domanium und eine modernisierte oberste Landesverwaltung übrig. Obwohl die Liberalen in Mecklenburg seit 1871 in Reichstag und Bundesrat über die Verfassungsfrage debattierten, kam es erst nach dem ersten Weltkrieg zu einer demokratischen Lösung bzw. Landesverfassung[43].

Die Karte[44] zeigt die politische Gliederung des Deutschen Bundes um 1830.

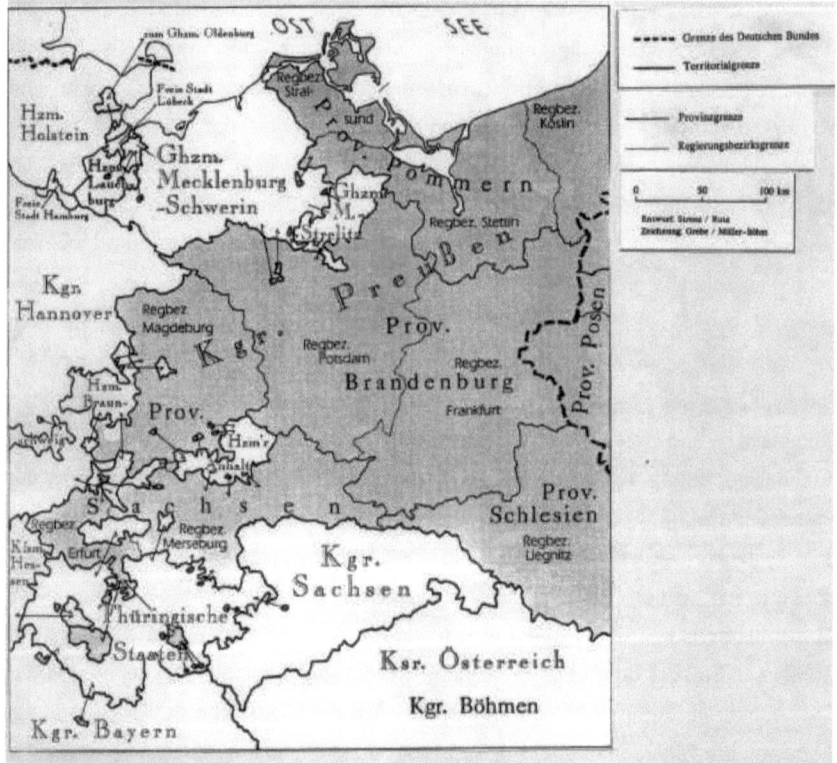

---

[43] Vgl. Historischer und geographischer Atlas von Mecklenburg und Pommern Band 2; Landeszentrale für politische Bildung Mecklenburg-Vorpommern, S.75.

[44]Karte: Ders., S. 83.

Politisch verfolgten die Regierungen von Schwerin und Neustrelitz nach 1850 einen strikten Restaurationskurs außenpolitisch standen sie, mit einigen Vorbehalten seitens Strelitz, auf der Seite Preußens, das sie politisch und militärisch bei der Reichseinigung unterstützten[45].

Wirtschaftlich entwickelte sich neben dem bereits behandelten Agrarsektor langsam die Grundlage einer einheimischen Industrie, die jedoch mit Ausnahmen im Schiffs-, Maschinen-, und Wagenbau, über mittlere Betriebsgrößen nicht hinauskam und stark agrarwirtschaftlich orientiert war und in ihrer Entwicklung durch die massive Abwanderungsbewegung, auf die später noch genauer eingegangen wird, behindert wurde.

Ökonomisch stellte sich die Lage im benachbarten Pommern ganz ähnlich dar: Der primäre Sektor hatte mit Abstand das größte Gewicht, nach der landwirtschaftlichen Berufszählung von 1907 arbeiteten 47.4% der Erwerbstätigen in der Landwirtschaft, 23,1% in der Industrie und 9,8% im Handel und Verkehr. Ein weiterer Beleg dafür ist, daß 88,3% der Gesamtfläche Pommerns landwirtschaftlich genutzt wurde. Auch die Industrie wurde von der Landwirtschaft dominiert. Die Masse der Industrie Beschäftigten arbeitete nämlich in der Verarbeitung und im Absatz von landwirtschaftlichen Erzeugnissen oder im Vertrieb von Produktionsmitteln und Gebrauchsgegenstände für die Landwirtschaft. Ein kurzer Überblick: Kartoffelverarbeitende Industrie, Molkereien, Mühlen, Sägewerken, Möbelfabriken. Eine weitere wichtige Einkommensquelle war die Fischerei. Eine der wenigen Ausnahmen stellte die Stadt Stettin dar, hier hatte seit Mitte des 19. Jahrhunderts auch der Ausbau weiterer Industriezweige begonnen. Der Schiffbau begann sich zum bedeutendsten Produktionszweig zu entwickeln. Insgesamt bestanden hier mit dem beginnenden 20. Jahrhundert vier Werften. Auch im Fahrzeug- und Maschinenbau fanden die Stettiner Arbeit, der Betrieb der Familie Stoewer produzierte Nähmaschinen, Fahrräder und schließlich auch Autos. Eine bedeutende Rolle für Pommerns Wirtschaftsleben spielten die Ostseebäder. Entlang der Ostsee erstreckten sich 65 pommersche Badeorte, deren Besucherzahlen mit dem beginnenden 20. Jahrhundert stark anstiegen. Das Bad Bansin verzeichnete 1897 308 Gäste, 1932 12.000. Einige Bäder begannen damals schon sich auf Zielgruppen

---

[45] Vgl. Historischer und geographischer Atlas von Mecklenburg und Pommern Band 2; Landeszentrale für politische Bildung Mecklenburg-Vorpommern, S.75.

auszurichten: So galt Putbus/Lauterbach auf Rügen als Adelsbad, Bansin als Modebad und Ahlbeck wurde vorwiegend von kinderreichen Familien aufgesucht[46].

Während in Mecklenburg die Revolution höhere Wellen schlug, fanden sie in Pommern einen relativ geringen Widerhall. Im März 1848 kam es zu der ersten politischen Versammlung in Stettin und einen Monat später führte man allgemeine und freie Wahlen zum preußischen Abgeordnetenhaus und zur Frankfurter Nationalversammlung durch. Da die Wahl zum preußischen Landtag im Dreiklassenwahlrecht abgehalten wurde, ist es kaum verwunderlich, daß 64% der Abgeordneten adligen Häusern entstammte. (Anteil des Adels an der Bevölkerung 1%) Allerdings errangen die Konservativen auch in den Reichstagswahlen die absolute Mehrheit. In den preußischen Abgeordnetenhauswahlen wurden sie in elf Wahlen kein einziges mal besiegt[47].

Weniger aufgrund der finanziellen Not, als vielmehr die Aussicht darauf irgendwo unabhängig und ohne Abgaben wirtschaften zu können veranlaßte zwischen 1846 und 1893 5,1 Millionen Mecklenburger über Bremen oder Hamburg nach Amerika auszuwandern. Ihren Höchststand erreichte die Wanderungsbewegung im Jahre 1854 mit 9000 Personen. Die Auswanderer rekrutierten sich in der Mehrzahl aus Handwerksgesellen und Landarbeitern, insbesondere Tagelöhner.

Im Gebiet der Ritterschaft sank die Bevölkerungsdichte durch Abwanderung mit 21 Einwohnern pro km2 auf den niedrigsten Stand im Reichsmaßstab ab[48].

Die Karte[49] zeigt die Bevölkerungsentwicklung in Mecklenburg auf.

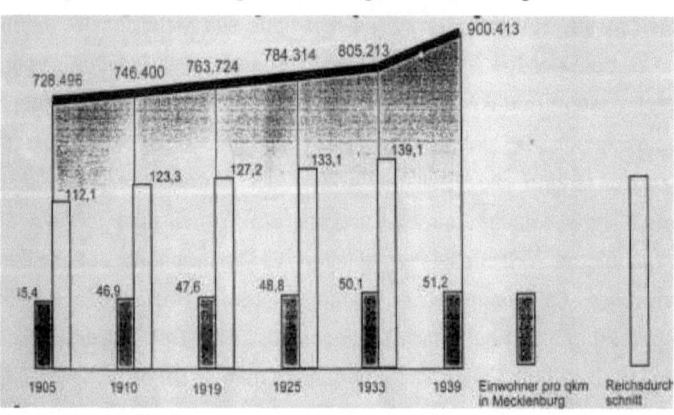

---

[46] Ders., S.91.

[47] Vgl. Historischer und geographischer Atlas von Mecklenburg und Pommern Band 2; Landeszentrale für politische Bildung Mecklenburg-Vorpommern, S.83.
[48] Ders, S.83.

Überwiegend wanderten ganze Familien aus, seit 1865 kam es jedoch auch vermehrt zur Einzelwanderung nachgeborener Bauernsöhne, von Knechten, Mägden und Gesellen. Auch in Mecklenburg wurde die Massenwanderung vor allem durch soziale Mißstände ausgelöst, die sich aus der rückständigen politischen Verfassung entwickelten und nach der gescheiterten Revolution 1848/49 bei den unteren Bevölkerungsschichten das Gefühl der Ausweglosigkeit noch verstärkt hatte. Wie erwähnt, trieb die Menschen weniger materielle Not, viele konnten die Überfahrt von ihren Ersparnissen bezahlen, vielmehr die Ausweglosigkeit sich niemals durch Fleiß, Tüchtigkeit und Sparsamkeit irgendwann ein eigenes Grundstück kaufen zu können, an. Zwischen 1820 und 1914 verließen ca. 5,1 Millionen Menschen Deutschland[50].

Bevor wir das Zeitalter der industriellen Revolution verlassen, soll an dieser Stelle noch auf das für diese Epoche wichtigste Verkehrsmittel eingegangen werden, die Eisenbahn. Bereits ein Jahr nach der Eröffnung der ersten Eisenbahnlinie 1835 gab es auch in Mecklenburg Bestrebungen, sich das neue Verkehrsmittel für Personenverkehr und Gütertransport zu erschließen. Allerdings mußten sich die Mecklenburger Bürger noch rund elf Jahre gedulden. Die Berlin-Hamburg Eisenbahn wurde am 15. Dezember 1846 feierlich eröffnet. Ihr Streckenabschnitt von Grabow über Ludwigslust und Hagenow bis Boizenburg eröffnete auch für Mecklenburg das Eisenbahnzeitalter. Nur wenige Monate später, am ersten Mai 1847, war auch die Anschlußstrecke von Hagenow nach Schwerin fertiggestellt. Im Bestreben, die sich ergebenden günstigen Anschlußmöglichkeiten zu nutzen, hatten sich schon vorher mehrere inländische Aktiengesellschaften gebildet, die sich im Frühjahr 1846 zur Mecklenburgischen Eisenbahngesellschaft zusammenschlossen. Bis 1850 entstanden so die Strecken Schwerin-Kleinen-Wismar und Kleinen- Bützow-Rostock. Damit hatte sich die verkehrsgeographische Lage der Seestädte Rostock und Wismar sowie der Haupt und Residenzstadt Schwerin beträchtlich verbessert. Nach zehnjähriger Stagnation wurde die Landesregierung in Schwerin selbst unternehmerisch tätig. Am 15. November 1864 wurde die Strecke Güstrow- Neubrandenburg, am ersten Januar 1867 die Strecke Neubrandenburg- Stralsund in Betrieb genommen, ab dem ersten Juli 1870 konnten die Züge von Hamburg nach Stettin durchfahren. Nachdem die stark verschuldete Mecklenburgische Eisenbahngesellschaft durch Aufkauf verstaatlicht worden war, ging das Land dazu

---

[49] Ders,. S. 78
[50] Vgl. Historischer und geographischer Atlas von Mecklenburg und Pommern Band 2; Landeszentrale für politische Bildung, Band 2, S. 76.

auch die übrigen Privaten aufzukaufen. 1896 war der Verstaatlichungsprozeß im Wesentlichen abgeschlossen. Nach den großen Strecken konzentrierte sich der Eisenbahnbau vor allem auf den Ausbau des lokalen Streckennetzes. Nach 1880 entstanden 14 neue Linien sowie eine Vielzahl von „Rüben- und Zuckerbahnen"[51].

6. Mecklenburg und Vorpommern in der Zeit von 1918 - 1945

Das Ende des ersten Weltkriegs und die Novemberrevolution führte in Mecklenburg zu einschneidenden politischen Veränderungen. Neben der Abdankung des Großherzogs gehörten dazu das außer kraft setzten der des Landesgrungsetzlichen Erbvergleichs aus dem Jahr 1755 und die Entmachtung der Stände als politische Körperschaften. Beide Mecklenburgs wurden zu Freistaaten erklärt. Eine der wichtigsten Aufgaben wurde die Arbeit an einer neuen Verfassung. Dazu wurden in beiden Staaten verfassunggebende Versammlungen gewählt. In Mecklenburg-Strelitz fanden bereits im Dezember 1918 Wahlen statt, und schon am 29. Januar 1919 trat die neue Verfassung in Kraft. Den Mecklenburgern, die bisher lediglich an Reichstagswahlen hatten teilnehmen können, wurde nun erstmals ein allgemeines, gleiches und geheimes zum Landesparlament und zur Gemeindevertretung gewährt. In beiden mecklenburgischen Staaten waren Unverletzbarkeit und Freiheit der Person, freie Meinungsäußerung, Versammlungs- und Religionsfreiheit festgeschrieben. Außerdem Schulpflicht und Selbstverwaltung der Kommunen[52]. Leider blieb ihre Umsetzung unzureichend, da die antidemokratischen Kräfte, die Deutschnationale Volkspartei (DNVP) und die Deutsche Volkspartei (DVP) zu stark waren und der Beamtenapparat aus der Zeit vor 1918 stammte und ebenfalls Großteils der Demokratie skeptisch gegenüber stand. Der Kapp-Putsch fand in Mecklenburg große Unterstützung und trug zum Zerfall der bürgerlichen Mitte bei. Wirtschaftliche Krisenerscheinungen, vor allem die Inflation, polarisierten die politischen Kräfte weiter. Den konservativen Parteien gelang es, der SPD/DDP Koalition die Schuld für die wirtschaftlichen Folgen des ersten Weltkriegs zuzuweisen und die Wahlen 1924 für sich zu entscheiden. Auch wenn die SPD mit Paul Schröder die Konservativen nochmals bis 1929 ablösen konnte, so zeigte sich doch, daß eine breite Grundlage für eine parlamentarische Demokratie in Mecklenburg nicht gegeben war. Eine Mitte der 1920er Jahre einsetzende Agrarkrise verschärfte die

---

[51] Ders., S.75.
[52] Ders., S.78.

Situation weiter. In der Wirtschaft Mecklenburgs dominierte auch in den 1920er Jahren die Landwirtschaft. Diese wurde entscheidend durch den Großgrundbesitz geprägt. Die mecklenburgischen Großgrundbesitzer hatten ihre ablehnende Haltung gegen die parlamentarische Demokratie nicht aufgegeben. Sie nutzten ihren Einfluß auf die Landbevölkerung, um hier Wahlerfolge von SPD und KPD zu verhindern und nationalistisches Gedankengut zu verbreiten. Das begünstigte eine Hinwendung nach rechts. 1929 kam es erneut zum Regierungswechsel die DNVP stellte mit Karl Eschenberger den Ministerpräsidenten. In diesem Landtag waren auch erstmals zwei Abgeordnete der NSDAP vertreten. 1932 machte die Bevölkerung, die neue Siedlungsprogramme und eine Aufwertung des Bauernstandes in Aussicht gestellt bekommen hatte, in beiden Mecklenburgs die NSDAP mit ihrer Stimmabgabe zur stärksten Partei. In Mecklenburg Schwerin mit absoluter Mehrheit. Damit begann in Mecklenburg der Abbau der Demokratie schon vor Hitlers Machtergreifung. Am 31. März 1933 wurden die bestehenden Länderparlamente durch das „Gleichschaltungsgesetz" aufgelöst und ohne Wahl unter Ausschluß der Kommunisten neu gebildet. Im Juni wurden auch die SPD Mandate annulliert und bis zum Sommer die anderen Parteien ausgeschaltet. Diese Restparlamente beschlossen dann die Vereinigung der beiden Teile Mecklenburgs im Jahre 1934. Zum Reichsstatthalter wurde NSDAP Gauleiter Friedrich Hildebrandt ernannt. Der totalitäre Staat bekämpfte jeglichen Widerstand und ging daran, alle anderen Auffassungen zu eliminieren. Zu den ersten Verhafteten gehörten die Kommunisten, dann folgten ab März 1933 Sozialdemokraten und Gewerkschafter. Wurde noch bis 1934 vor allem von Kommunisten und Sozialdemokraten versucht, die Parteiarbeit illegal zu organisieren und weiterzuführen, so erfolgte nach 1935 der Widerstand nur noch in kleinen Gruppen oder individuell. Das traf auch auf den kirchlichen Widerstand zu, der durch einzelne Vertreter der Bekennenden Kirche (Martin Hübener), der evangelischen Kirchen(Silbrand Siegert, Hermann Timm) und der katholischen Kirche(Wilhelm Leffler, Dr.Berhard Schwentner) geäußert wurde.

Bis 1939 kam es in Mecklenburg zu insgesamt 105 Hochverratsprozessen. Die politischen Häftlinge wurden im Zuchthaus Bützow-Dreibergen untergebracht. Hier erfolgten auch mehr als 700 Hinrichtungen von zum Tode verurteilter Insassen aus vielen Ländern Europas. Ausschreitungen gegen Juden setzten bereits 1933 ein. Besonders betroffen waren zunächst die an der Rostocker Universität tätigen

Wissenschaftler. So wurde der jüdische Direktor der Rostocker Universitätsklinik für Mund- und Zahnheilkunde, Hans Moral, in den Selbstmord getrieben, andere wie David Katz, Direktor des Psychologischen Institutes mußten emigrieren. Die „Arisierung" des wirtschaftlichen und geistigen Lebens führte dann dazu, daß sich zwischen 1933 und 1942 die Zahl der jüdischen Einwohner Mecklenburgs von 1.002 auf 232 verringerte. Auch die meisten dieser erlebten das Kriegsende nicht. Im Zusammenhang mit der Kriegsvorbereitung erfuhr die mecklenburgische Industrie einen beträchtlichen Aufschwung, vor allem die Flugzeugindustrie entwickelte sich hier. Ab 1942 wurde Mecklenburg verstärkt bombardiert, besonders betroffen waren Rostock und Wismar. Mit dem Einmarsch der Roten Armee in Mecklenburg und Vorpommern endet dieses Kapitel im Jahre 1945[53].

7. Fazit

Insgesamt bleibt festzustellen, dass Mecklenburg-Vorpommern in seiner kulturlandschaftlichen Entwicklung im Vergleich mit anderen Bundesländern immer später an der Reihe war. Ein Siedlungsgefüge entwickelte sich erst im Mittelalter, während es im Rheinland ein solches bereits seit 1.000 Jahre gab. Auch die Agrarentwicklung fing hier später an. Die industrielle Revolution begann ebenfalls einige Jahrzehnte später und dann relativ verhalten. Nur die Wahlerfolge der NSDAP setzten hier früher ein als anderswo. Insgesamt war Mecklenburg-Vorpommern immer politisch zersplittert und nie von seinen Nachbarn unabhängig. Wirtschaftlich war das Land bis 1945 vor allem agrarisch geprägt und industriell eher rückständig. Das Land war immer schon gering bevölkert und bis auf einige Städte weist es eine dörfliches Siedlungsgefüge auf-

---

[53]Vgl. Historischer und geographischer Atlas von Mecklenburg und Pommern Band 2; Landeszentrale für politische Bildung Mecklenburg-Vorpommern, S.78.

Literatur:

Buchsteiner, I. u.a. (Hrsg.): Mecklenburg und seine Ostelbischen Nachbarn. Schwerin 1997.

Engel, F.: Beiträge Zur Siedlungsgeschichte Und Historischen Landeskunde. Mecklenburg – Pommern – Niedersachsen. Köln 1970.

Guntau, M.: Die Frühen Norddeutschen Universitätsgründungen: Rostock und Greifswald. – In: Karge, W. (Hrsg.): Ein Jahrtausend Mecklenburg – Vorpommern. Rostock 1995. S. 97-102.

Haversath, J. B.: Deutschland – Der Norden. Braunschweig 1997.

Heitz, G. / Rischer, H.: Geschichte in Daten. Mecklenburg Vorpommern. München, Berlin 1995.

Karge, W., Rakow, P. J. u. Wendt, R. (Hrsg.): Ein Jahrtausend Mecklenburg und Vorpommern. Rostock 1995.

Kinder, H. u. Hilgemann, W.: DTV – Atlas Weltgeschichte. Band 1.München 1997.

Kuhn, H. C. : Mecklenburg Vorpommern. Landeszentrale für politische Bildung Baden- Württemberg 1999 Band 2.

Landeszentrale für politische Bildung (Hrsg.): Mecklenburg-Vorpommern. Historischer und geographischer Atlas von Mecklenburg und Pommern. Schwerin Band 2.

Lienau, C.: Die Siedlungen des ländlichen Raumes. Braunschweig 1995.

Mager, F.: Geschichte des Bauerntums und der Bodenkultur im Lande Mecklenburg. Berlin 1955.

Posan, L.: Beiträge zur deutschen Siedlungsbewegung im Mittelalter. – In: Buchsteiner, I. u.a. (Hrsg.): Mecklenburg und seine Ostelbischen Nachbarn. Schwerin 1997. S. 32 – 40.

Rutz,W., Scherf,K., Strenz, W.: Die fünf neuen Länder; Historisch begründet, politisch gewollt und künftig vernünftig?, Darmstadt 1993

Schmied, H.: Verlauf und Auswirkungen des Dreißigjährigen Krieges in Mecklenburg. – In: In: Karge, W. (Hrsg.): Ein Jahrtausend Mecklenburg - Vorpommern. Rostock 1995. S. 143-148.

Weiß, W. (Hrsg.): Mecklenburg – Vorpommern. Brücke zum Norden und Tor zum Osten. Gotha 1996.